俄罗斯聪明玛莎出版社
北京开心球动漫技术有限公司

中国人民大学出版社
·北京·

图书在版编目（CIP）数据

交通安全 / 俄罗斯聪明玛莎出版社，北京开心球动漫技术有限公司编著；刘佳译. —北京：中国人民大学出版社, 2015.12

ISBN 978-7-300-20795-7

Ⅰ.①交… Ⅱ.①俄… ②北… ③刘… Ⅲ.①交通安全教育-儿童读物 Ⅳ.①X951-49

中国版本图书馆CIP数据核字（2015）第298941号

开心球

交通安全

俄罗斯聪明玛莎出版社 北京开心球动漫技术有限公司　编著

刘佳　译

Jiaotong Anquan

出版发行　中国人民大学出版社

社　　址　北京中关村大街31号　　**邮政编码**　100080

电　　话　010-62511242（总编室）　　010-62511770（质管部）

010-82501766（邮购部）　　010-62514148（门市部）

010-62515195（发行公司）　　010-62515275（盗版举报）

网　　址　http：//www.crup.com.cn

http：//www.ttrnet.com（人大教研网）

经　　销　新华书店

印　　刷　北京尚唐印刷包装有限公司

规　　格　200mm×260mm　16开本　　**版　　次**　2016年1月第1版

印　　张　7　插页2　　**印　　次**　2016年1月第1次印刷

字　　数　100 000　　**定　　价**　48.00元

写在前面的话

大嘴叔是一位勇敢的旅行家！但是，大嘴叔遇到了大麻烦！面对城市的车水马龙，大嘴叔简直不知如何是好。

小朋友们，让我们一起来帮助大嘴叔吧！我们跟他一起去开心球交通学校！

通过十节课的学习，大嘴叔就会完全弄明白像迷宫一样的道路，搞清楚看起来杂乱无章的交通规则！

让我们一起来为大嘴叔加油！

目录

第一课

1

大嘴叔是一位勇敢的旅行家。无论是暴风雨、雪崩，还是恐怖的洪流，对于大嘴叔来说，都没什么好害怕的，他可什么都不怕。

但是，当大嘴叔来到城市之中，他生平第一次感到了害怕。马路上，汽车飞驰，互相追逐、超越，汽笛声此起彼伏。大嘴叔还从没到过这么拥挤的地方。这里不适合旅行，因为过马路实在太危险了。于是大嘴叔找到了一处“特别的小地方”，开始观察车辆的行驶状况。

城里的什么东西把大嘴叔吓到了？汽车到底可不可怕呢？

大嘴叔找到的“特别的小地方”应该叫什么呢？你知道为什么需要交通信号灯吗？如果是你，待在那里你会害怕吗？

交通规则
!!!

1

你猜对了！大嘴叔躲在了交通信号灯上面。看着下面疾驰的车辆，他叹气道："这座城市的交通是多么繁忙啊……看来，我要被困在这里了！"

这时，大嘴叔突然看见了一个人。这个人头上戴着一顶大檐帽，正站在马路上挥动着手里的红白条纹小棒，而所有的汽车都乖乖地听从他的指挥。

"他是城市'魔法师'，"大嘴叔猜想，"他的小棒一定有魔力！我需要他的帮助！"于是，大嘴叔拼命地挥动着自己的手。"魔法师"终于看到了，急忙上前为大嘴叔提供帮助。

大嘴叔看见了谁？为什么他断定那是个"魔法师"？"魔法师"做了什么？

你认为他真的是城市"魔法师"吗？他的小棒真的有魔法吗？你知道那个小棒是做什么用的吗？

“魔法师”把大嘴叔带到了马路的另一边。一路上他俩聊了很多。“魔法师”得知大嘴叔是一位了不起的旅行家，就邀请大嘴叔到他那里去做客。原来“魔法师”是一位交通警察。他告诉大嘴叔，只要学好并遵守交通规则，就不必害怕汽车，甚至，还可以很好地享受汽车带来的交通便利。

从一座城市到另一座城市，可以乘坐汽车。在城里还有许多供人们行走使用的人行道。这些可以称为交通。

为了让汽车不行驶到人行道上并且行人不被汽车撞到，就需要道路指挥官——交通警察。他们的职责就是保证人和车辆都遵守交通规则。

什么叫做交通？谁需要交通警察呢？

你知道哪些交通规则？是谁告诉你这些交通规则的呢？如果没有这些规则，你能想象将会发生些什么吗？

!!!
6
10
13
M
2
5
7
9
3
20
N
W
E
S
M

1

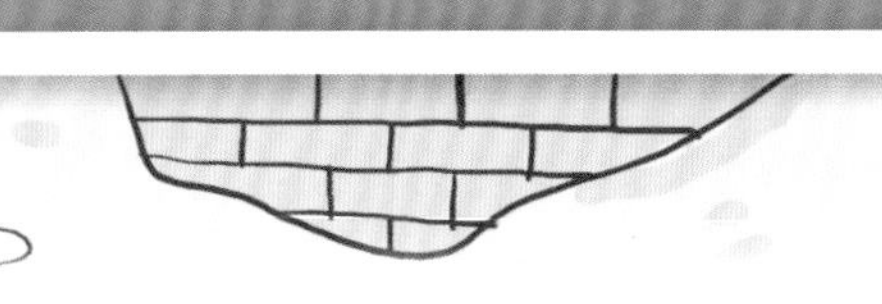

大嘴叔最担心的就是路上的行人。要知道，相比起体积大、速度快的汽车，行人是那么地渺小，而且走得还那么慢！如何保证行人通过马路时的安全呢？

交通警察跟大嘴叔解释说不用担心，行人有专门的道路——人行道，还有斑马线——那是专门为行人横过马路准备的。

马路上还有专门的交通标志，告诉行人哪里可以走，哪里不可以走。交通标志还能够指示车辆哪里应该减慢速度，哪里应该小心行驶或哪里应该完全停下来。

行人走的道路叫什么呢？专供行人过马路的标志是什么样子的呢？它叫什么名字？

为什么行人需要交通标志呢？请指出图中的人行道、斑马线和其它道路标志。你生活的地方有这些东西吗？

离别的时候，交通警察送给大嘴叔一根条纹小棒——它的学名叫交通指挥棒。大嘴叔则向交通警察保证，一定会在甘菊庄园里开一所学校专门教授道路交通规则，因为那里也有交通工具和行人，他们也非常需要这些交通规则！

大嘴叔兑现了他所说的话。他一回到家就在一张硬纸板上写上了“开心球交通学校”几个字，开始每天教他的朋友们学习交通规则。

交通警察送了大嘴叔什么礼物？大嘴叔向他保证了什么？大嘴叔回家之后做了什么？

你生活在城市里吗？你家附近的交通环境如何？你想跟开心球们一起学习交通规则吗？

开心球
交通学校
交通警察
大嘴叔

2

第二课

星期一早上，大嘴叔去教开心球们道路交通规则。他一出门就看见了正昂着头在小路上欢乐奔跑的兔小跳。“我的第一个学生！”大嘴叔高兴极了，急忙跟在兔小跳的后面。

就在大嘴叔快追上的时候，一件意想不到的事情发生了：兔小跳被树枝绊倒了。可怜的大嘴叔差点跟着兔小跳一起摔倒。

“哎呀！”大嘴叔一边把兔小跳扶起来，一边埋怨道，“你在路上跑的时候，一定要注意脚下！最重要的是，你得学习道路交通规则！”大嘴叔让兔小跳坐在长凳上，开始了他的第一节课。

大嘴叔准备给开心球们讲授什么课呢？兔小跳为什么会摔倒？你经常一个人走路吗？走路的时候你会注意看脚下吗？为什么在道路上通行时，小朋友一定要由成年人带领呢？

道路

“记住，兔小跳！”大嘴叔严肃地讲道，“在马路上一定要注意！相信我，我去过那么多地方，都快走遍整个地球了！小路、乡间土路、高速公路……这些道路都是不一样的！每种道路都有自己的交通规则！比如小路，比较狭窄，交通不繁忙，所以比其他道路要简单。但小路也会有意外发生，比如被横在路上的树枝绊倒，就像你今天碰到的那样。所以小路上也有交通规则，那就是注意脚下，好好走路。”

世界上都有些什么样的道路？所有道路的规则都是一样的还是不同的呢？小路上会有什么危险的东西呢？

你喜欢在森林里散步还是在公园里散步？你曾经摔倒过吗？仔细地观察小路并找出都有哪些危险的地方。

2

兔小跳挥舞着交通指挥棒，指着远处的道路问："那样的小路也有交通规则吗？""给你的求知欲打满分！"大嘴叔很高兴兔小跳能这么好学，"但那不是小路，而是公路！你看，公路那么宽，路面上也铺了沥青！公路是给那些用钢铁材料制成的真正的汽车行驶的哦！"公路上的交通规则是这样的："行人只能在公路边沿着人行道行走。行走的时候一定要集中精神，这样才能及时躲避危险。"

公路和小路有什么区别呢？请在图片中指出人行道。为什么走路的时候，行人要注意汽车呢？

你生活的地方有公路吗？根据图片说出谁遵守了交通规则，谁又违反了规则呢？根据交通规则，小青蛙应该往哪里跳呢？

17

“危险？就像电影里演的冒险故事一样吗？”兔小跳很兴奋，眼睛都亮了起来，“都有什么危险呢，大嘴叔？”

“对于行人来说，最大的危险就是汽车！”大嘴叔看着自己的学生严肃地答道，“所以在城市里，为行人铺设了专门的道路——人行道。汽车是禁止在人行道上行驶的。为了防止汽车不小心驶入人行道，通常会在人行道和汽车行驶道之间铺设高高的路缘石。不要突然越过路缘石跳入汽车行驶道，飞驰的汽车会撞到你，交通事故往往就是这么发生的！！”

什么是人行道？在图片中指出允许行走的区域。你知道它为什么叫人行道吗？为什么需要路缘石呢？

走路时，你是沿着人行道或在允许步行的区域中行走的吗？你有没有在人行道上看见过汽车呢？它们可以驶上人行道吗？为什么不能沿着路缘石外侧行走？

最后，大嘴叔给兔小跳讲起了高速公路！在高速公路上行驶的汽车，速度都非常快。所以，高速公路上有非常严格的交通规则——完全禁止行人进入高速公路！

高速公路两旁设有专门的护栏。路旁还设有专门的交通标志——绿色长方形中画有白色的道路。看见这个标志，你就知道，前方是行人无法通行的道路了！

什么是高速公路？在图片上找出高速公路的标志。

兔小跳都学到了什么？能不能不了解交通规则就在路上乱走呢？为什么？

司机请
小心驾驶

第三课

3

第二节交通规则课，大嘴叔请来了所有的开心球。学生们都听得非常认真，唯独羊诗弟走了神。

大嘴叔讲解道："那些走路的人被称为行人。"羊诗弟在座位上作起了诗："蓝蓝的大海上，行人行驶着，就像轮船……"

大嘴叔只好再次重复：行人是"行走"，而不是"行驶"，更不是在大海上，他们可以在专门的步行街上行走！步行街旁也有专门的交通标志。在这样的道路上步行，行人不用害怕，因为步行街是禁止汽车驶入的！

什么是行人？专供步行的道路叫什么呢？步行街的交通标志是什么样的？

你认为行人应该学习交通规则吗？汽车可以在步行街上行驶吗？

行人

3
小心冰柱

“我知道怎么在步行街上走路！走步行街不需要什么规则！”羊诗弟高兴起来，“这节课终于结束了！”他跳起来，冲到门口，但是大嘴叔叫住了他。

“行人也要遵守相关规则。”大嘴叔说，“**第一条规则，行人要时刻集中注意力！**路上除了汽车，还有很多其它危险，像掉落的冰柱、路上的坑洞等等。你要是没发现坑洞，就很容易掉下去。再比如冰柱。“啪嗒！”冰柱的尖角就砸到你了！还有道路施工呢……”羊诗弟不想再听下去，他迫不及待地跑出了门。

重复有关行人的第一条规则。路上都会有哪些危险呢？

大嘴叔向羊诗弟警告过哪些危险呢？你觉得会有人掉进坑洞里面吗？正在施工的道路可以行走吗？

3

道路上的各种危险把羊诗弟吓坏了，他决定把自己关在房间里，再也不出门了。为此他还作了首诗：“我喜欢我的小窝，因为这里没有汽车！”

夜里他做了一个梦，梦见这首小诗获了奖，他要去城里拿奖牌，但却过不了马路——因为他不懂交通规则！奖牌就在对面闪着光，而他却只能在马路这边眼睁睁地看着。

就在羊诗弟气得快要哭出来的时候，大嘴叔在梦里出现了。他身后还跟着一匹斑马！大嘴叔指着斑马喊道：“斑马！快找斑马！它会帮助你的！”在喊叫声中，羊诗弟从梦中惊醒。

是什么吓到了羊诗弟？他做了一个怎样的梦？为什么在梦中羊诗弟过不了马路？

你知道大嘴叔说的斑马是什么斑马吗？它看起来是什么样的呢？猜猜图中的交通标志代表什么意思。

3

第二天早上，羊诗弟第一个赶到了教室，他非常想知道梦里的斑马是什么意思。

大嘴叔把学生们带到马路上，指着柏油路上的白色条纹说："认识一下吧，这就是'斑马'，是行人横过马路的专用道。**第二条规则，行人过马路时必须走斑马线，而汽车是一定要避让斑马线上的行人的**！让我们练习一下吧，先走到斑马线那儿！看看左边，有没有车？如果没有，大胆地走到马路中间。站在那里！再看看右边有没有车？有的话，先让车开过去。好了，可以走到马路对面了。"

说一说第二条规则。你认为汽车和行人之间，应该谁给谁让路？为什么穿过马路时要左右看看呢？

你能分清左边和右边吗？请示范一下应该怎样过马路。你的家人过马路的方式都是正确的吗？

最后，大嘴叔讲了过马路最安全的方法——走地下通道或人行天桥，这些人行通道也有专门的交通标志。

这次羊诗弟听得非常认真，甚至还为这堂课作了首小诗：“行人钟爱安全的通道，地下地上让我们一起寻找！”然后他想了想，又作了另一首：“路上勿玩耍，别打哈欠别讲话！”

大嘴叔非常喜欢这两首诗，把“最佳过马路奖”颁给了羊诗弟。

最安全的过马路的方式是什么呢？在图片中找到地下通道和人行天桥的交通标志。你是怎么区分它们的呢？

朗读羊诗弟的小诗。你过马路的时候都是走人行通道吗？在你家附近有没有这样的人行通道呢？

地下
地上

4 第四课

夜晚，鹿教授在小山丘上用天文望远镜仔细地观察着天空。但天空仍然是老样子。“唉……”鹿教授叹了口气，放下了望远镜。突然，他发现远处有一团红色的火光在闪耀。“飞碟！”他马上猜到，并趴到草地上，开始向光亮处爬去。

鹿教授正爬着，却发现红光变成了黄色，一会儿又变成了绿色……颜色变得很快。鹿教授鼓足勇气小声问：“外星人，是你吗？”但没有人回答他。鹿教授等了一分钟，然后从草丛中抬起了头。原来，他看见的不是飞碟，而是一个有着三盏灯的奇怪家伙。

鹿教授在山丘上看到了什么？其实它是什么东西呢？说说交通信号灯是怎么变换颜色的。

你认为交通信号灯看上去像飞碟吗？如果不像，那它像什么？你知道它是做什么用的吗？

交通信号灯

4
BANK

第二天一大早，鹿教授就气冲冲地找到大嘴叔，要求把那个“没有用的东西”从马路上移开。

大嘴叔笑了笑，示意鹿教授坐在长椅上，并向他讲述了一段有意义的历史：“一百多年前，那时候的交通就已经很繁忙，交通警察也不够用了。行人和司机都不愿给对方让路，结果行人和汽车相撞并造成了交通事故！于是有人发明了交通信号灯——一种帮助行驶的汽车和行人和谐相处的装置。它被用来替代交通警察，去指挥谁可以继续行驶，而谁应该停下来等候。”

你认为交通信号灯有用吗？为什么？它是做什么用的呢？

你家附近的交通繁忙吗？有交通信号灯吗？它们都设在哪儿呢？

4

鹿教授好奇地看着交通信号灯。“跟我说说，”他问大嘴叔，“它是怎么工作的？是用某种特殊的语言吗？”

大嘴叔看着交通信号灯，自豪地说：“它不需要说话。你看见那三种颜色——红色、黄色和绿色了吗？它们比任何语言都管用。红灯亮时，就是它在向汽车喊：‘停下！给行人让路！’黄灯亮就表示给你时间缓和一下：‘准备好哟，已经快了。’而绿灯亮则是高兴地宣布：‘可以开车了，道路已经畅通了！’”鹿教授听完十分惊讶，为了牢牢记住大嘴叔说的内容，他把上面的话足足重复了三遍。

交通信号灯有几种颜色？它们是按照什么顺序变换的呢？红色、黄色和绿色分别代表什么意思？

看看图中汽车的状态，为对应的交通信号灯分别涂上正确的颜色。这时行人应该怎么做呢？

4

鹿教授正在研究交通信号灯。他绕着信号灯走了好几圈，又发现了一个奇怪的东西。在三种颜色的大信号灯旁边，还有一个只有两种颜色的信号灯。它看上去要小一些，上面显示的是绿色和红色的小人儿。最奇怪的是，当大信号灯的红灯亮起时，小信号灯上的绿色小人儿就会亮起。

鹿教授认为小信号灯肯定是坏了，但大嘴叔不这么看。“仔细地看看上面的小人儿。”大嘴叔对他建议道。鹿教授又看了看信号灯，马上就明白了：“它没有坏！这个信号灯是给对面的行人看的，不是给汽车看的！”

“对！所以，这种小信号灯主要设在人流较多的人行横道的两端，又叫人行横道信号灯。”大嘴叔说道。

大信号灯有几种颜色？小信号灯有几种颜色？小信号灯比大信号灯少的是哪种颜色？

鹿教授是怎么猜到那是给行人看的信号灯的？绿色的小人儿表示什么？那红色的呢？

4

大嘴叔向鹿教授解释人行横道信号灯是如何工作的："当绿色小人儿亮起来时，你可以跟它一起通过马路。小人儿开始闪动就意味着灯要变换颜色了。如果这时你还没有开始过马路，那就应该待在原地不动；如果已经走到马路中间，那就走快一点——因为红色的小人儿很快就会亮起来，汽车要开始行驶了。因为当人行横道信号灯是红色时，大信号灯往往是绿色的，红色的小人儿意味着此时行人不可以横穿马路！"

信号灯上的绿色小人儿代表什么？如果它开始闪动，你应该怎么做？红色小人儿又代表什么呢？

在图上指出供汽车行驶用的大信号灯，再指出供行人使用的人行横道信号灯。说说在图中谁可以通行，谁应该停止不动，解释一下为什么。

5 第五课

一大早，平博士就被一阵喧闹声吵醒。他听见他的车库里传来聊天的声音。“怎么回事？”平博士很吃惊，“我还没发明出会说话的汽车呀？”

最近平博士热衷于发明各种交通工具，既有陆地上的轿车、货车、赛车，也有空中的、海上的，比如飞机、潜水艇。但他最喜欢的还是汽车，他管它们叫“我的车宝贝”。

什么是交通工具？海上交通工具有哪些？飞机和船分别是在哪里行驶的交通工具呢？

平博士最喜欢哪种交通工具呢？你喜欢哪一种？你认为驾驶交通工具会很复杂吗？

汽车
!

5

平博士从被窝里跳出来，跑到车库一看，原来大嘴叔在那里。“嗨，老兄！我正准备去上课呢，你去听一听也是很有好处的！”平博士坐在了车座上，大嘴叔清清嗓子，继续说道，“你很棒！你把所有的车都停在车库里。有些人把车停在马路旁边就走掉了，这让过马路的人怎么走路呀？汽车停在那里，行人都看不见路了！这时行人应该从车子的后方绕着走，而不应该从车前经过！”

大嘴叔为什么夸奖平博士呢？停在马路边的车对谁来说是危险的呢？过马路的时候应该怎么绕过车子？

看看图片，如果猬小弟从车的前方经过，会发生什么呢？是不是等车过去了再走更好呢？猬小弟要怎么过马路才正确呢？

“平博士，你是一个有修养的司机——平静、谦和、遵守交通规则。”平博士谦虚地笑了笑，大嘴叔继续说道，“但是也有一些缺乏修养的司机，他们的驾驶习惯非常糟糕。比如会突然从一个拐弯处或者拱门里冲出来，要不就是随意抢道、超车，甚至还有更糟的，有些人在人行道前面根本不想停下来！所以行人一定要小心，因为你并不能立刻判断出开车的是不是一个有素质的司机，尤其是当车离你还很远的时候。”

有素质的司机应该如何开车？缺乏素质的司机呢？他们可能做出什么事情来呢？

行人们应不应该多加小心呢？从远处能不能马上判断出车里是个怎样的司机呢？为了让所有的司机都变得有素质，我们应该做些什么呢？

注意危险
危险

“我的天啊！”平博士看着表，突然想起什么，“我还有件重要的工作呢！我该走了！”他蹦起来，正准备跑开，大嘴叔轻轻地拉住了他的手。

“不要这么着急！”大嘴叔严肃地说道，“赶时间的司机通常都会高速驾驶，可能在人行道前面就来不及刹车了！我总是跟我的学生们重复一点：如果在绿灯时过马路，不要觉得看不看四周都无所谓。有时汽车看起来离得还很远，但可能突然就飞到了你的面前——那就会发生危险！”

赶时间的司机都是怎么开车的？为什么就算绿灯时过马路也要注意周围？可能会发生什么事？

你认为行人中有急急忙忙赶路的吗？这样危险吗？过马路的时候能匆匆忙忙地吗？

“今天我是救护车的司机。”平博士张开了手。“还有一件事，”大嘴叔同意了，“有一些需要赶时间的车，比如消防车、救护车和警车，它们是去救火、救人和抓捕犯人。这些都是特殊用途的车，车上都有响亮的警报器和明亮的标志灯具。这样的车即使离得很远也能轻易分辨出来，就是为了让人们给它们让路，不耽误它们的工作。”

这堂课结束了。平博士坐在救护车里，向大嘴叔保证一定不会开快车，因为他是一个有素质的司机。

在图上指出救护车、消防车和警车。它们要去哪里？怎么才能认出它们呢？

需要给救护车、消防车和警车让路吗？你认识的司机都是有素质的吗？

01
警　车
02
2785
03

6 第六课

猬小弟决定在星期六做件有意义的事情——学会新的道路交通规则。他选择了“有关乘客的交通规则”这一章，开始读起来：“乘客，就是乘坐交通工具的人。城市公共交通工具有公共汽车、有轨电车和出租车等，它们在城市里来回行驶并在途中搭载乘客。”

猬小弟幻想着，当他长大后的某一天，坐车去城里游玩……“乘客猬小弟……哈哈哈！”他大大地哈了口气，接着看起了课本。他仔细地观察课本上的所有图片并开始学习乘客应该遵守的相关规定。

猬小弟在幻想什么？城里有哪些公共交通工具？指出图上的公共汽车和有轨电车。

什么是乘客？你生活的地方有哪些交通工具？你最喜欢乘坐哪种交通工具呢？

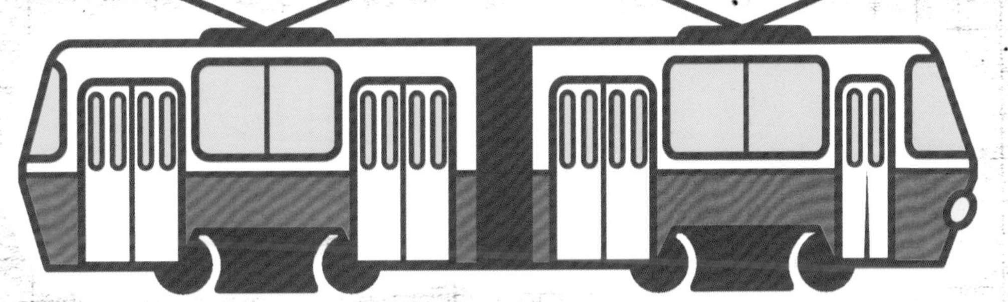

有轨电车

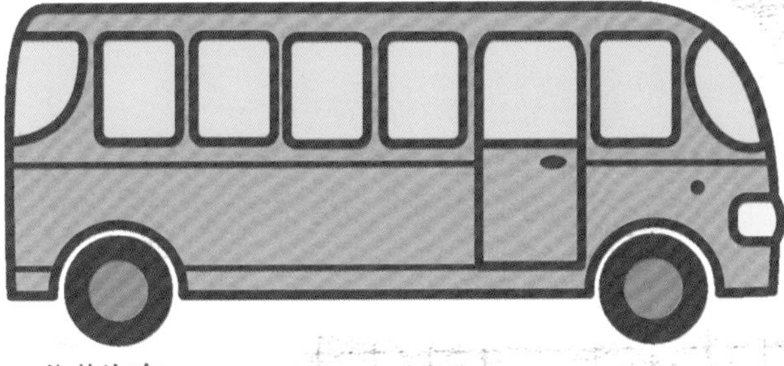

公共汽车

无轨电车

出租车

6
T
“啪”的一声
12

门突然开了，兔小跳蹦了进来。“猬小弟！快收拾一下，咱们走吧！”他兴奋地说，“平博士为大嘴叔做了一辆真正的汽车！！！咱们快点去停车场看看吧，否则就开走了！”

猬小弟跑到了门口，突然又停了下来。“永远都不要跟着开动的车跑！乘客等候车辆时，不要跑出人行道的范围，要看一看是否有汽车正向我们开过来！”他想起了所学的课程，严厉地对兔小跳说，“急忙赶路不看路，就是在不知不觉走向危险！交通规则里就是这么写的！”兔小跳想到可能会发生的危险，吓得“啊啊啊”地叫了出来。

兔小跳跟猬小弟说了什么事情？为什么猬小弟跑到门口又停了下来？猬小弟跟兔小跳说了哪条交通规则？

仔细观察图片。说说第一张图片上发生了什么？第二张图片上又发生了什么？说一说乘客应该怎样正确地等候车辆。

6

他俩出门来到公共汽车站。等车的时候，猬小弟告诉兔小跳有哪些事情不能做：不要抓着车门，不要把头伸出窗外，不要在行驶过程中跑动，不要分散司机的注意力……

这么多个“不要”让兔小跳都不想出去玩了：“公共汽车是这样的呀？在公共汽车里有这么多不能做的事情，那还能干什么呀？”

“能干什么？”猬小弟感到很吃惊，“其它事情都可以呀，比如开开心心地欣赏窗外的风景！你只要安静地坐着，窗外的房屋、森林、田野就会像电影画面一样，一幕幕地呈现在眼前，多么美丽呀！”

说一说哪些事情是公共汽车的乘客不能做的。想一想图片中的兔小跳可能会发生什么事，为什么呢？

你认为什么时候可以跟司机说话呢？你知道怎样做一名合格的乘客吗？你的朋友们知道吗？

6

猬小弟坐在石凳上耐心地等候公共汽车。兔小跳很高兴车还没有来，这样他就有时间再学习学习规则了。“猬小弟，”兔小跳兴致勃勃地问道，“下车之后也有规则吗？”

“当然了，”猬小弟不假思索地回答，“在最后一页写着呢，如果你下车后要横过马路，不能从汽车旁边绕过去，因为不论从哪个方向绕过汽车都是很危险的。乘客应该走到最近的人行道上，然后走斑马线过马路哦。”

兔小跳问了猬小弟什么问题？他们又学习了什么乘客规则？如果你下车后要过马路，你应该怎么做呢？

你认为从哪边绕过汽车比较安全呢？为什么无论哪边都是危险的呢？

6

这时，一辆闪烁着灯光的公共汽车驶入了站台！大嘴叔打开车门，微笑道：“我只带懂得规则的乘客去游玩哦！”兔小跳和猬小弟现在当然都有资格上车，他们立刻上车并坐到了最好的位置上。

兔小跳看着窗外，猬小弟又开始幻想：“等我们长大，平博士也用自己的小汽车载着我们……棒极了吧？还有，必须记得系上安全带，并在人行道一侧下车！”兔小跳点点头，跟这样的小伙伴在一起，自己很快就会变成最了解规则的乘客！

汽车里为什么需要安全带呢？应该从哪一侧下车？

你今年多大了呢？你是自己系安全带的吗？说说你想去哪里。

开心球交通学校

7

星期天的早晨，大嘴叔正坐在餐桌前喝茶。这时，他听见窗外传来小心翼翼的脚步声。大嘴叔循声望去，原来是朱小美推着一辆自行车正蹑手蹑脚地向公路上走去！“啊哈，她要骑车出去玩！”大嘴叔猜道，“但是还有一些规则没学呢！她想趁我今天休息……”

大嘴叔拿着大檐帽出来时，朱小美正站在公路边赞叹：“多么平坦笔直的大道！我要骑过去啦！”

正当朱小美要把脚放到脚踏板上时，大嘴叔从灌木丛中跳了出来，拉住了她。“朱小美！”大嘴叔严厉地喊道，“要满 12 周岁之后才能上公路骑自行车呢！！！”

星期天的早上发生了什么？朱小美想去哪里骑车？多大之后才能到公路上骑自行车？

你会骑自行车吗？你都在哪里骑呢？

自行车

7
公园
森林
游乐场
运动场

“啊？”朱小美很失落，“还要等啊？我现在就想骑车——在那条平坦的大道上！”大嘴叔擦去朱小美的眼泪。“小美，还有很多地方可以骑车呀。”大嘴叔列举道，“公园、森林、游乐场、运动场，还有专门的骑车场地。这些地方除了骑车，还可以玩轮滑和滑板呢。这样的地方很好找——它们都有这样的交通标志！”大嘴叔将画有白色自行车的蓝底圆形标志指给朱小美看。

为什么朱小美不能在公路上骑自行车呢？说出哪些地方可以让孩子们骑车。允许骑车的地方有什么样的标志？

你认为哪里适合骑车？你通常在哪里骑车？你家附近有适合骑车的地方吗？

7

一个小时之后，朱小美带着自行车去了羊诗弟那里。“唉！”朱小美抱怨道，“去公路上骑车看来是不行了……”

羊诗弟还没来得及回答，就看见兔小跳和猬小弟骑着自行车从他们身边冲了过去。兔小跳做了好几个帅气的动作。先把重心放在后轮上，然后一个急刹车，再松开车把……猬小弟骑得很平稳，但并没有被小伙伴落下。

气喘吁吁的大嘴叔在他俩后面追赶着。“兔小跳！猬小弟！快停下！会摔倒的！这不是你们的玩具！”大嘴叔喊着。但是他们骑得太快了，一点儿也没听见。

为什么朱小美没去骑车呢？说一说兔小跳是怎么骑车的。大嘴叔向他们喊了什么？

为什么兔小跳和猬小弟没有听见大嘴叔的叫喊声呢？你认为像兔小跳那样骑车危险吗？为什么？

7

“我们去追他们！”朱小美喊道。她让羊诗弟骑车，自己则坐在自行车的货架子上，发出了指令：“追呀！”羊诗弟蹬着脚踏板，自行车晃晃悠悠地前进着。过了一会儿，货架子再也承受不住朱小美，她一下子摔到了地上。“哎呀！”朱小美揉着头上的大包哭了起来，“痛啊！这样会把头摔坏吗？”

“头盔！”在后面追赶的大嘴叔喊着。兔小跳和猬小弟是怎么也追不上了，大嘴叔决定先教教朱小美：“记住，孩子们！骑车的时候一定要戴上头盔。货架子上是不能坐的，一颗小小的石头就可能让行驶过程充满危险！记住，货架子是用来放物品的，而不是用来搭载乘客的哦！”

朱小美想干什么？她为什么摔倒了？为什么需要头盔和货架子？

你会在货架子上放什么东西？你喜欢快速地骑车吗？为了防止摔倒，你认为应该怎样骑车呢？

7

但惊险的事件还没有结束。很快，兔小跳和猬小弟拖着伤痕累累的自行车回来了。“从山坡上下来时，那里有个障碍物，我们没来得及转弯……”兔小跳垂头丧气地解释着。

“不是转弯，而是刹车！”大嘴叔严厉地说，“刹车装置和头盔是骑行者最主要的保护措施！从今天开始，必须按规则骑车！从山坡上下来要刹车，货架子上只放东西，戴着头盔才能骑车！”。

大嘴叔给学生们提了个建议：“怎么样？去运动场吧？去运动场上进行一场真正的比赛！”

朱小美获得了最终的胜利，因为她最了解骑行规则。

说说兔小跳和猬小弟是怎么把自己的车子弄坏的。为什么会发生这样的事？什么东西能够保护骑行者呢？

为什么朱小美赢得了比赛？回忆一下所有的自行车规则，跟你的朋友们说一说。

200M
终点线

8 第八课

晚上，兔小跳、羊诗弟和猬小弟到巧老师那里去喝茶，跟她聊起了大嘴叔的课程是多么有趣。“我自己也在学习呢！”巧老师自夸起来，“我也去过城市！真的，虽然只是小时候去过一次，但是我记得一清二楚。我走啊走啊，就走到地下去了……”

“到地下去了？你确定？”兔小跳难以置信地问。巧老师笑了，她从床底下拿出一张老照片：“就是这座城市。这是我。上面有个标志看见了吗？这个标志下面就是通往地下的入口！”

开心球们喝茶的时候跟巧老师讲了什么？巧老师又跟他们讲了什么？通往地下的标志是什么样的？

你觉得“地下”是巧老师自己想象出来的吗？你知道那个标志代表什么吗？你坐过地铁吗？

地铁

“我说的‘地下’就是地铁。它的发明是为了让人们能在城市中快速地穿行。”巧老师补充说，“闭上眼睛想象一下：我们去坐地铁，越往下走越深……”

“太可怕啦！”猬小弟轻声地说，但是却没有睁开眼睛。“一点也不可怕！”巧老师挥动着手，“旁边还有好多人呢！想要不走散，一定要紧紧地手拉着手！”

为了不在地铁中走散，应该怎么做？

你认为地铁方便吗？能不能在没有成年人陪同的情况下乘坐地铁？为什么？

小伙伴们还在等着巧老师继续往下说，但她却停了下来。“接着讲吧！越往下走越深，那里有什么呀？”羊诗弟忍不住问道。

“最深处就是地铁！”巧老师哆嗦了一下，“那里有能自动上下的楼梯！它可以带着我们继续往下走！”“在那上面我不会摔倒吧？”猬小弟又吓了一跳。

“不会啊！”巧老师安慰他说，“只要你静静地站好，扶好扶手，就不会摔倒。要是谁在上面跳来跳去，”巧老师意味深长地看了看兔小跳，“坐在阶梯上或者往里面塞东西的话，那就可能会有危险！”

地铁里自动上下的楼梯叫做什么？它跟一般的楼梯有什么不同？图片中谁做的是正确的，谁是错误的？想象一下，如果你在那上面，你会怎样做呢？

8
安全线
安全线
注意！
车门正在关闭！
注意！
车门正在关闭！

“继续说！继续说！”小伙伴们难以平静，“电梯的尽头是什么呀？”“那里就是站台——一个有很多圆柱子的大厅，”巧老师回答，“地上画着安全线。”“安全线是什么？”兔小跳插嘴问道。巧老师严肃地警告道：“如果线的另一边没有车时，走到这条线前面就应该停下来，否则，就会发生可怕的事情！但如果线的另一边有车停着，并打开了车门，那就勇敢地跨过安全线上车吧。如果听到地铁车厢的关门提示音，就不能再上车了。你可以等待下一辆地铁，它很快就会来的！”

站台是什么？什么时候才能够越过安全线呢？当听到关门提示音时你应该做什么？

当你等地铁的时候应该怎么做？请看图说一说。

8

“看，地铁开了，我们出发喽！”巧老师说，“当司机告诉我们出发时，我们只要坐好就行。如果站着就扶好扶手，以防摔倒。我们可以研究一下地铁线路图，看它有多少个站点。”“我们的下一站是哪儿啊？”猬小弟好奇地问。“我们即将到达最后一站——巧老师的房间！”

开心球们睁开了眼睛——他们依然坐在沙发上，旁边并没有什么“地下”。“等我们长大了，一定要去坐地铁！”兔小跳看着小伙伴们，嘴里嘟囔着。小伙伴们都点头表示赞同。

如何知道站点的名称？在车厢里应该做什么？扶手是做什么用的呢？

你知道中国的哪些城市有地铁吗？你所在的城市里有吗？你认为坐地铁危险吗？

第九课

大嘴叔当交通警察已经有一周了，他每天都在甘菊庄园里指挥交通。这天，他忽然觉得很累，一步都不想动了。

大嘴叔站在十字路口想，要是能找来一些帮手就好了。这时，小贝拿着颜料桶从他身边经过。大嘴叔立刻想出了一个好主意。“交通标志！”他兴奋地说，“我在每条路上都画上交通标志！它们能代替我做很多事情呢：哪里可以行驶，哪里不能……这样，我就能轻松多啦！”

大嘴叔是怎样指挥交通的？为什么他需要帮手呢？是什么让大嘴叔想到了交通标志呢？

交通标志是做什么用的？你认识哪些交通标志？它们都代表什么意思呢？

交通标志

9

“小贝！”大嘴叔向小贝弯下了腰，“我想到了一个有趣的游戏！我们来画交通标志吧！先给行人画几个，给司机画的就要复杂多了。给我装有红色颜料的桶。这些标志通常用白底红圈表示，中间画有图案。先画几个含有禁止意义的禁令标志——禁止通行的标志。如果中间的图案是小人儿或者自行车，图案上还有一条斜杠，那就表示这条路是禁止行人或自行车通行的。如果图案是一条白色横线，就是禁止一切车辆驶入的意思。”

为什么给司机画的标志要比给行人的多呢？白底红圈的标志叫什么？它们是禁止什么的？

带白色横线的红色圆圈是禁止什么的？带小人儿的呢？带自行车的呢？

9

“怎么样，我们去画下一种标志吧？”当所有禁令标志画完后，大嘴叔问道。小贝点了点头。

“下一种是带有警告意义的标志，通常用中间有图案的黄底黑边三角形来表示。它们警告行人注意危险地点，不要东张西望或掉进坑洞中，同时也警告司机注意各种道路状况，因为标志附近可能有行人横过马路或是道路正在施工。对于司机来说，最重要的标志之一就是——‘注意，有儿童！’。路上有儿童的时候，汽车就要礼让，也就是说，汽车应该减速慢行。”

黄底黑边的三角形标志代表什么意思？司机看见这样的标志应该怎样行驶？图上的标志在警告什么？

在图中找到表示“注意，有儿童！”的标志。哪里有这样的标志？它是不是告诉孩子们过马路时就不用小心了呢？

学 校

9

长途汽车站

2183

P

“完成啦！要严格区分好不同作用的标志哦！”大嘴叔一边说着，一边把黄色的颜料收了起来，“现在我们来画一些指路标志。它们主要起指示地点的作用，用画有图案和写有文字的蓝色图形来表示。现在这个标志上画的是长途汽车，意思就是这里是长途汽车站。如果画的是一辆火车或一架飞机，则表明附近是火车站或飞机场。”

你见过指路标志吗？在路上试着找找看。

猜猜图中画有字母P和轮椅的标志表示什么意思？试着自己画出这些标志。

“怎么样？你累吗？”大嘴叔关心地问，“那就画最后一种标志吧——指示标志。它们也是中间有图案的蓝色标志。但与指路标志不同的是，指示标志是指示车辆、行人行进的标志。试着猜猜看，它是什么意思？”“嘀嘀嘀！”小贝自信地发出声音，同时用手做了一个向下按的动作。“正确！”大嘴叔拍了拍手，“这种标志表示汽车开到这里必须鸣喇叭，它通常设置在公路的急转弯处、陡坡等。”

“现在，让我们去向其他开心球们讲解交通标志的意思。我相信，今后我们的交通一定会井然有序的。”大嘴叔肯定地说道。

指示标志是什么样的？它们指示什么？看看图片上的标志，它们每个都表示什么意思？

还记得都有哪些交通标志吗？和你的朋友们说说吧。

交通学校

第十课

10

当其他开心球们都在学习交通规则的时候，农夫熊却在忙着收庄稼。星期一早上，他用货车运送最后一批西瓜。刚开上公路的时候，可怕的事情就发生了！路面上竟然出现了一排奇怪的白色竖线！

农夫熊吃惊地从车上下来，并用手摸了摸——颜料还没有干透呢！农夫熊抬起了头，更加吃惊了。在他面前竖着一根有三只"眼睛"的灯柱。即使现在是大白天，那只红色的"眼睛"也在发着光！"这不对劲儿啊。"农夫熊嘟囔着，想去找灯柱的开关。

当其他开心球们学习交通规则的时候，农夫熊在做什么？路上有什么让农夫熊那么惊讶？白色的竖线是什么？

农夫熊在灯柱前面停下来是对的吗？他能把它关掉吗？为什么？你在图中看见了哪种路标呢？

交通警察

10

就在农夫熊研究灯柱的时候，大嘴叔骑着自行车来到他身边。“我是交通警察大嘴叔。”大嘴叔介绍道，“有什么能帮你的吗？”农夫熊愣住了。“大嘴叔，你是……”农夫熊小声问，“我忘了，什么来着？这里都发生了什么啊？是谁把路画成这样？为什么还亮着灯？”

“冷静一下，老兄！”大嘴叔微笑着说，“一切都正常！这是交通信号灯！现在开心球们都按照交通规则走路和驾驶车辆了。我就负责维护交通秩序，保证他们不违反交通规则。交通警察——现在这就是我的工作！”

大嘴叔是做什么的？他教给开心球们什么？为什么他要这样做？

怎么在人群中认出交通警察？你曾经跟真正的交通警察聊过天吗？如果在路上需要帮助，你应该怎么办呢？

10

“是这样啊！”农夫熊吃惊地说，“但是，我之前见过小伙伴们突然从路边跳到马路上并开始互相追赶！还有在公路上骑自行车的，还有更糟的，那就是在公路上玩球的！”

“不要担心，朋友！”大嘴叔安慰着农夫熊，“现在他们只在允许玩球的地方玩，也不会去靠近汽车。以前他们认为只要汽车是停止不动的就不用害怕。但我告诉他们，汽车可能突然就会开动，稍不注意的话就会压到他们的脚哦……”

之前开心球们是怎样做的？他们这样做为什么很危险？看看图片，指出在路上什么可以做，什么是不可以做的。

为什么在马路上玩球很危险呢？在停着的车子附近玩呢？你认为在哪里玩比较安全？

10

农夫熊还想说些什么，却听见旁边突然响起了刹车声。农夫熊转过身去，看见甲虫一家子在漫不经心地过马路，而且这时还是红灯！刹住的汽车就停在离甲虫们只有三厘米远的地方，惊慌失措的平博士在车里看着甲虫们。如果他没有及时刹车，那将会发生一场悲剧！大嘴叔挥动着交通指挥棒，跑到了人行道上，教甲虫们横过马路的交通规则。半个小时之后他回来了，气愤地喊道：“过马路不遵守规则，会发生交通事故的！下次还这样，我就要罚款了！”

路上发生了什么？甲虫们违反了哪条交通规则？大嘴叔打算怎样惩罚违反规则的人呢？

想一想，为什么有的行人会违反规则？你会违反规则吗？你知道什么是罚款吗？

“原来我什么都不懂呀，”农夫熊想了想，说道，“不懂行人的规则，也不懂有关交通信号灯的规则……请你替我把西瓜分给小伙伴们吧，这是给他们认真学习的奖励！现在我要去学习交通规则啦，要不又该犯错误了。你说的学校在哪儿来着？”大嘴叔用交通指挥棒指了指自己的家的方向。农夫熊离开了。大嘴叔看着他的背影，心想，所有人都学会并遵守交通规则了，这多好呀。现在他可以放心了：路上的一切都会井然有序的！

农夫熊跟大嘴叔谈完之后决定做什么？你认为有必要遵守交通规则吗？请给大嘴叔写封信，问问大嘴叔能教你什么交通规则。

交通学校
圣彼得堡第五大街
开心球交通警察
大嘴叔收

大嘴叔的小测验

恭喜你！我们已经向你介绍了所有的交通规则。现在看看你学得怎么样吧。阅读下面的问题并选择一个最恰当的答案。

1. 交规的全称是什么？

A 步行规则

B 道路交通规则

C 野生恐龙之歌

2. 为什么需要道路交通规则？

A 为了路上不无聊

B 为了违反它们

C 为了维护交通秩序

3. 谁是行人？

A 走路的人

B 公车上检票的人

C 经常旅行的人

4. 下面哪个是专供行人使用的？

A 铁路

B 人行道

C 高速公路

5. 为什么需要路缘石？

A 为了能在上面种花晒太阳

B 为了方便行人行走

C 为了保障行人、车辆的安全

6. 行人横过马路时应该走哪儿？

A 猎豹线

B 斑马线

C 条纹线

7. 行人过马路时应该如何观察四周？

A 完全不用看，眯起眼睛快跑过去

B 开始向右看，然后向左看

C 先向左看，然后向右看

8. 在十字路口指挥交通的装置叫什么？

A 交通指挥官

B 发光的球

C 交通信号灯

9. 表示禁止通行的交通信号灯是什么颜色的？

A 黄色

B 红色

C 紫色

10. 绿色信号灯开始闪烁时，意味着什么？

A 开始跳迪斯科喽

B 信号灯坏了

C 马上要亮起另一种颜色的信号灯了

11. 下面哪些车配有警报器和标志灯具？

A 救护车和消防车

B 混凝土搅拌车

C 校车

12. 汽车行驶时乘客不能做什么？

A 看窗外

B 在车厢里跑动

C 打电话

13. 如果你下车后需要过马路，应该怎么做？

A 从车前面绕过去

B 找到最近的人行横道并沿着它走过马路

C 随便向四周跑去

14. 年满多少周岁可以在公路上骑自行车？

A 4 周岁

B 44 周岁

C 12 周岁

15. 为什么骑车的人需要佩戴头盔？

A 为了让朋友看见

B 为了不让耳朵冷

C 为了在摔倒时保护头部

16. 乘坐地铁电梯时应该怎么做？

A 快跑

B 稳稳地站着，扶好扶手

C 舒适地坐着，睡一会

17. 表示禁止通行的交通标志是哪一个？

A 

B 

C 

18. 下面哪个是表示人行横道的交通标志？

A

B 

C 

19. 交通警察是做什么的？

A 指挥交通

B 让行人高兴

C 处罚司机

20. 谁一定要懂交通规则？

A 行人

B 司机

C 所有人

正确答案

1.B	8.C	15.C
2.C	9.B	16.B
3.A	10.C	17.C
4.B	11.A	18.C
5.C	12.B	19.A
6.B	13.B	20.C
7.C	14.C	

如果有的问题答错了，没关系，别灰心。最好把这本书再读一遍——这样对你是有好处的哦，大嘴叔也会非常高兴的。他在写这本书的时候可是非常用心的哦。如果全部答对了，那你就可以自豪地告诉别人，自己是了解交通规则的行人，可以去路上按照交通规则行走了哦！希望了解交通规则的小朋友永远不要违反交通规则！

羊诗弟
朵小美
大嘴叔
兔小跳
鹿教授
农夫熊

巧老师
猬小弟
平博士